Dr. Kiran Jadhao
S. D. Ghatol
Akshay Khande

Carcaça da bomba de água no sistema de refrigeração de automóveis

Dr. Kiran Jadhao
S. D. Ghatol
Akshay Khande

Carcaça da bomba de água no sistema de refrigeração de automóveis

Projeto e Análise do sistema usando FEA

Imprint

Any brand names and product names mentioned in this book are subject to trademark, brand or patent protection and are trademarks or registered trademarks of their respective holders. The use of brand names, product names, common names, trade names, product descriptions etc. even without a particular marking in this work is in no way to be construed to mean that such names may be regarded as unrestricted in respect of trademark and brand protection legislation and could thus be used by anyone.

Cover image: www.ingimage.com

This book is a translation from the original published under ISBN 978-620-7-64157-4.

Publisher:
Sciencia Scripts
is a trademark of
Dodo Books Indian Ocean Ltd. and OmniScriptum S.R.L publishing group

120 High Road, East Finchley, London, N2 9ED, United Kingdom
Str. Armeneasca 28/1, office 1, Chisinau MD-2012, Republic of Moldova, Europe
Printed at: see last page
ISBN: 978-620-7-63489-7

Índice

RESUMO

A bomba de água retira a água do radiador e move-a através do motor de volta para o radiador, onde o ciclo começa novamente. Assegura que o seu motor se mantém a uma temperatura constante, independentemente da temperatura. A água do radiador aquece à medida que passa pelo motor. Um sistema de arrefecimento utilizado num automóvel destina-se a manter a temperatura desejada do líquido de arrefecimento, garantindo assim um funcionamento ótimo do motor. O papel da bomba de água desempenha um papel crucial no desempenho do motor. Assim, é necessário compreender a resistência estrutural da caixa da bomba do sistema. A carcaça da bomba de água do motor de alta potência é analisada quanto à carga estática, como a pré-carga dos parafusos, a pressão e as cargas de temperatura.

A fim de investigar a resistência estrutural da carcaça da bomba de água, foi concebida uma carcaça de bomba de arrefecimento para automóveis, seguida de uma análise FEA em ANSYS. Todos os dados obtidos são importantes para a conceção de uma caixa de bomba de água mais eficiente. O principal objetivo do projeto é conceber e analisar a caixa da bomba para suportar a pré-carga dos parafusos e a carga estática gerada enquanto a bomba está a funcionar. Desta forma, podemos prever com exatidão a resistência estrutural da caixa durante as suas condições de carga de funcionamento. A deformação estrutural e a distribuição de tensões serão calculadas em várias condições.

Nesta proposta, o projeto de base é optimizado para as condições de carga acima indicadas. A análise comparativa é efectuada utilizando o software ANSYS Workbench e a percentagem de incremento de resistência é identificada. O projeto de base e o projeto optimizado são modelados utilizando o software CREO.

CAPÍTULO 1: INTRODUÇÃO

1.1. Princípio de funcionamento

O princípio de funcionamento de um motor de automóvel é promover o movimento da cambota através da compressão e expansão do gás. No entanto, neste processo, muito calor é prejudicial para as peças. Por isso, esta parte do calor necessária para utilizar a bomba de água de arrefecimento, esta bomba é a bomba de água de arrefecimento do motor. A bomba de água de arrefecimento é o principal componente do sistema de água de arrefecimento do motor e é um tipo de conjunto de motor com elevada fiabilidade, estabilidade e exigência de correspondência. O seu desempenho determina diretamente o funcionamento do motor. Com a tendência de desenvolvimento de camiões pesados nacionais e internacionais, a potência do motor trará as partes necessárias da atualização, ao mesmo tempo que a bomba de água de arrefecimento do motor de alta potência também precisa de ser combinada. Por conseguinte, é necessário conceber um novo tipo de carcaça da bomba de água de arrefecimento que possa satisfazer os requisitos do motor de alta potência, alta eficiência, alta fiabilidade e longa vida útil. O procedimento básico de conceção de uma caixa de bomba foi discutido na literatura. Neste projeto, realizámos uma análise estrutural estática, que foi uma das principais verificações de análise que deve ser considerada durante a otimização da caixa da bomba. Durante a conceção de uma caixa, os parâmetros iniciais como a pré-carga do parafuso, a pressão e a temperatura desempenham um papel importante na otimização da conceção. A importância da otimização da caixa é que o design optimizado não só reduz o peso como também proporciona espaço extra, o que é mais necessário na indústria automóvel. Por isso, neste caso, utilizámos uma metodologia de análise avançada para estudar o desempenho de uma caixa em condições de carga estática. Normalmente, na análise, costumamos escolher a condição final para verificar a fiabilidade da caixa da bomba. Concebemos o nosso modelo de caixa de bomba amplamente utilizado na indústria automóvel.

Utilizámos o software de modelação para desenhar a caixa da bomba e analisámo-la com o ANSYS workbench. A partir deste projeto, comparamos os resultados da análise FEA. Finalmente, obtivemos os resultados da FEA que mostram melhores resultados. No futuro, planeamos considerar o comportamento dinâmico da estrutura, o que pode dar muito mais

1.2 Parâmetros de conceção da bomba de água para automóveis

A bomba foi concebida para aplicar a cilindrada do motor de 13L, a gama de potência é de 405,5~552,6 cavalos métricos. Índice de desempenho da bomba: A velocidade do motor é de 3702rpm, o fluxo da bomba é de 398l/min, e a elevação da bomba não é inferior a 19,7m, a eficiência máxima da bomba é superior a 50%, a vida útil é de 1000000 km ou 10 anos, é utilizado o selo de água SIC duplo, a fiabilidade do selo de água é para fornecer evidências para provar, o processo de desenvolvimento da bomba deve ser científico.

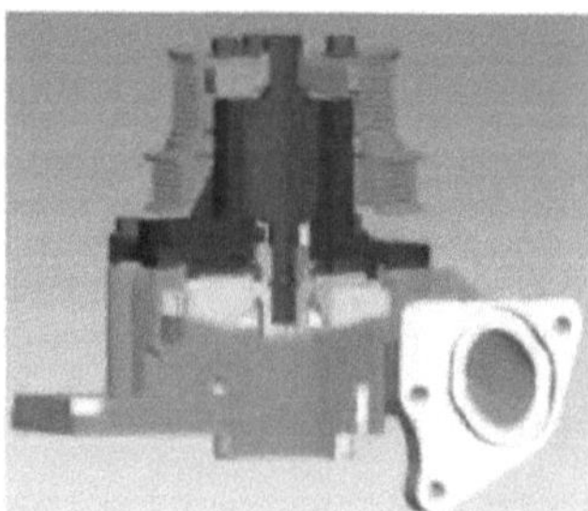

Fig. 1.1: Estrutura da bomba

Parâmetros gerais e conceção da estrutura da bomba de água para automóveis A bomba é concebida com base na teoria básica da conceção da bomba centrífuga. Ao mesmo tempo, a estrutura da bomba existente é referenciada. Após o cálculo dos parâmetros relevantes do projeto da bomba, é selecionada a lâmina de arco final, a relação da área de entrada e saída da lâmina de controlo de 1,12 (o valor recomendado é 1,0~1,3). A fim de reduzir efetivamente a perda hidráulica da bomba, o raio hidráulico do impulsor é de 24 mm * 23 mm. Para reduzir a perda de volume e a perda de fricção da água na bomba, o diâmetro exterior do impulsor D2 é reduzido razoavelmente, o ângulo de saída da pá maior 2 é selecionado, a largura de saída do impulsor B2 e a área da garganta da voluta são aumentadas. A bomba é composta principalmente pela caixa da bomba, eixo da bomba, vedação, impulsor da bomba, polia da correia e tampa da bomba.

1.3 Desenvolvimento da geometria da bomba para o sistema de arrefecimento do motor

Um componente importante do sistema de arrefecimento do motor é a bomba que produz o caudal necessário para arrefecer os componentes. A bomba está ligada ao eixo de transmissão por uma polia, pelo que as melhorias na eficiência da bomba afectarão diretamente a eficiência do combustível do veículo. Com mais variações e uma conceção cada vez mais complexa do sistema, são necessárias diferentes fases de desempenho da bomba para fornecer os caudais desejados, dependendo da conceção do sistema. Para permitir uma conceção rápida das fases de desempenho das bombas, é construído um modelo de cálculo para prever o desempenho de uma bomba de arrefecimento do motor com base na geometria do impulsor e da caixa da bomba. O modelo inclui as principais perdas de carga que ocorrem numa bomba centrífuga, tanto no impulsor como no corpo da bomba. O modelo baseia-se em cálculos quase unidimensionais de triângulos de velocidade no impulsor e no corpo da bomba. As perdas de carga são modeladas com correlações da literatura que são comparadas com dados de ensaio de bombas de referência. O modelo desenvolvido fornece uma bomba - , eficiência hidráulica
- e a curva de potência com base nos principais parâmetros geométricos. É criada uma ferramenta e um procedimento de conceção para sugerir os principais parâmetros geométricos do impulsor com base num ponto de funcionamento pretendido. A ferramenta de projeto é construída com base em coeficientes de projeto baseados em dados de ensaio de bombas de referência e correlações da literatura. Juntamente com o modelo de cálculo, um canal de fluxo do impulsor pode ser projetado para atingir o ponto operacional desejado. São concebidos e fabricados dois impulsores por prototipagem rápida, que são testados através de um ensaio experimental para verificar o modelo e a ferramenta de conceção. Os resultados mostram que o modelo de cálculo capta o comportamento geral da curva da bomba e tem uma precisão de 110%. O modelo de cálculo e a ferramenta de conceção foram concebidos para avaliar o desempenho dos principais parâmetros geométricos do impulsor e do corpo da bomba. A otimização e os estudos adicionais do campo de escoamento completo para avaliar os escoamentos

secundários e o comportamento da cavitação podem ser efectuados por métodos numéricos. O modelo de cálculo e a ferramenta de conceção construídos proporcionam uma forma rápida de conceber novos impulsores e um método fácil de efetuar estudos de parâmetros sobre alterações na geometria do impulsor.

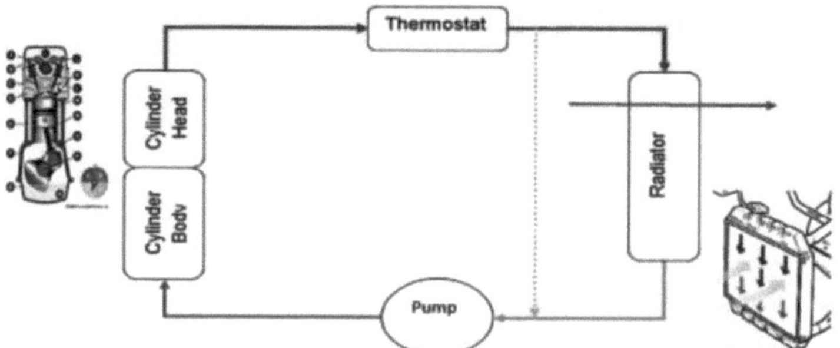

Fig. 1.2 : Circuito básico do sistema de arrefecimento do motor

O sistema de arrefecimento do motor tem duas funções principais: o objetivo principal é arrefecer as peças do motor e remover o calor durante o funcionamento, uma vez que a combustão ocorre a temperaturas superiores às temperaturas de fusão do metal que o envolve. A outra é aquecer o motor até à temperatura de funcionamento mais rapidamente durante o arranque para melhorar a sua eficiência e reduzir as emissões. A carga de arrefecimento no veículo depende dos componentes que precisam de ser arrefecidos, mas o principal arrefecimento é efectuado na cabeça do cilindro (Pang, 2012). O motor pode ser arrefecido a ar ou a líquido, sendo o foco deste

O presente relatório incidirá sobre motores de combustão interna arrefecidos a líquido para camiões. O sistema de arrefecimento do motor foi inventado pela primeira vez por Karl Benz em 1885, quando inventou e patenteou o radiador para automóveis (Hannigan, 1993). Na Figura 1, pode ver-se uma vista esquemática de um sistema básico de arrefecimento do motor sem qualquer arrefecimento adicional.

Uma bomba centrífuga é uma máquina rotativa composta por seis peças principais que trabalham em conjunto para manter a bomba a funcionar corretamente. Estas incluem um impulsor, um corpo da bomba, rolamentos, uma estrutura de rolamentos, um eixo e um vedante mecânico. O princípio de funcionamento da bomba é converter a energia mecânica em pressão. Em funcionamento, um impulsor rotativo acelera um líquido e, à medida que a área do corpo da bomba se expande, a velocidade do fluido é convertida em pressão. Como resultado, o fluido pressurizado sai da descarga da bomba. O Ponto de Melhor Eficiência (BEP), o caudal em que uma bomba tem a sua maior eficiência, é um fator chave para avaliar se uma bomba está a funcionar corretamente. Poucas bombas funcionam sempre no seu BEP exato, porque as variáveis do processo num ambiente de produção não são 100 por cento constantes. Mas uma bomba dimensionada corretamente para a sua aplicação manterá um caudal próximo do pico de eficiência. Manter um fluxo entre 80% e 110% do BEP é um bom intervalo para maximizar a eficiência e minimizar o risco de desgaste excessivo ou falha da bomba. Infelizmente, muitas bombas não atingem este nível de eficiência. Considere um estudo efectuado pelo Centro de Investigação Técnica Finlandês sobre cerca de 1.700 bombas em 20 fábricas de processamento em várias indústrias. O estudo determinou que a eficiência média das bombas é inferior a 40 por cento e que mais de 10 por cento das bombas estavam a funcionar com uma eficiência inferior a 10 por cento.

CAPÍTULO 2: PESQUISA BIBLIOGRÁFICA

A Syam Prasad, BVVV Lakshmipathi Rao, A Babji, Dr. P Kumar Babu, "Análise estática e dinâmica de um impulsor de bomba centrífuga".[1] As ligas metálicas estão a desempenhar um papel importante em muitas aplicações de engenharia. Oferecem propriedades mecânicas excepcionais, flexibilidade nas capacidades de conceção e facilidade de fabrico. As vantagens adicionais incluem peso leve e resistência à corrosão, resistência ao impacto e excelente resistência à fadiga.

Neste trabalho, estuda-se a análise estática e modal de um impulsor de bomba centrífuga que é feito de três ligas de materiais diferentes. (O melhor material para a conceção do impulsor é o Inconel 740. O módulo específico do Inconel 740 obtido na análise estática é 10 % superior ao dos outros materiais. A frequência natural na análise modal é 6% superior à de outros materiais. A deformação do Inconel 740 na análise estática é reduzida em 12%. Assim, o método dos elementos finitos é uma alternativa viável para efetuar uma melhor análise das estruturas de engenharia.

Zhanlong Cao, Qunpo Zhang "Estudo de conceção e experimentação de uma bomba de água de alta potência para automóveis com base em CFD". [2] A estrutura da bomba de água de refrigeração para automóveis adopta uma estrutura de nervuras de guia curvas, de modo a evitar a fricção seca do vedante da água de refrigeração para automóveis da bomba. Os elementos estruturais e o campo de fluxo do conjunto da bomba de água de arrefecimento do automóvel são optimizados por análise de simulação. O pico de eficiência do conjunto da bomba de água de arrefecimento do automóvel é superior a 51%, o desempenho da bomba de água de arrefecimento do automóvel foi significativamente melhorado. Os métodos e meios eficazes de verificação do produto foram desenvolvidos para garantir a elevada fiabilidade e durabilidade do conjunto da bomba de água de arrefecimento do automóvel.

Quando a bomba de água é concebida, os componentes principais são seleccionados, o processo de montagem é melhorado e a tecnologia de simulação avançada é aplicada à tecnologia integrada. A fim de melhorar o ambiente de funcionamento do selo de água, o problema de fricção a seco do selo de água de alta elasticidade é resolvido. Foram efectuados métodos únicos de validação do produto, o pico de eficiência da bomba de água para automóveis atingiu 51,03%.

Pramod J. Bachche, R. M. Tayade "Finite Element Analysis of Shaft of Centrifugal Pump" [3] O presente trabalho trata do estudo do veio da bomba centrífuga para análise estática e dinâmica. Como sabemos, as máquinas rotodinâmicas são concebidas com grande dificuldade, uma vez que há muita flutuação nas cargas e nas velocidades. O veio é analisado utilizando a técnica de análise de elementos finitos para tensões e deflexões.

O objetivo do presente estudo foi analisar o comportamento do veio em condições estáticas e dinâmicas no que respeita à deflexão e às tensões. Os resultados obtidos pelo método de integração gráfica e pela análise de elementos finitos são satisfatórios e estão dentro dos limites de funcionamento para o atual conjunto de condições de entrada. A deflexão e as tensões máximas são geradas para condições de fluxo mínimo. Concluiu-se aqui que, qualquer que seja a conceção feita, é segura e o veio não falhará nas condições de funcionamento actuais.

S. Rajendran, Dr. K Purushothaman. "Análise do impulsor de uma bomba centrífuga usando ANSYS-CFX" [4] Uma bomba centrífuga é um dispositivo cinético. O líquido que entra na bomba recebe energia cinética do impulsor em rotação. A ação centrífuga do impulsor acelera o líquido a uma velocidade elevada, transferindo energia mecânica (rotacional) para o líquido. Essa energia cinética está disponível para o fluido realizar trabalho.

Neste artigo, a análise do projeto do impulsor de uma bomba centrífuga é realizada utilizando ANSYS-CFX. É a bomba mais comum utilizada na indústria e em aplicações domésticas. O fluxo interno complexo no impulsor da bomba centrífuga pode ser previsto pelo ANSYS-CFX. O padrão de fluxo, a distribuição de pressão na passagem da pá e a carga da pá do impulsor da bomba centrífuga são discutidos neste artigo. O impulsor da bomba centrífuga sem carcaça voluta é resolvido com um caudal mássico elevado. A eficiência total da bomba aumenta em 30%.

Mohd Zubair Nizami, Ramavath Suman, M. Guru Bramhananda Reddy "Evaluation of Static and Dynamic Analysis of a Centrifugal blower using FEA" [5] Os ventiladores centrífugos são amplamente utilizados em aplicações navais a bordo e apresentam níveis de ruído elevados. O ruído produzido por um componente rotativo deve-se principalmente à força de carga aleatória sobre as pás e à iteração periódica da entrada de ar com as pás do rotor. O presente trabalho tem por objetivo analisar a escolha de materiais compósitos como alternativa ao metal para um melhor controlo das vibrações. Os compósitos, conhecidos pelas suas características de amortecimento superiores, são mais promissores na redução das vibrações do que os metais. Uma vez que os ventiladores representam uma grande parte dos mecanismos submarinos, devem naturalmente cumprir os seguintes requisitos obrigatórios para todos os mecanismos,

- Peso mínimo - parâmetros dimensionais.

- Funcionamento fiável em movimentos submarinos.

- Resistência às vibrações e aos choques.

- Facilidade de montagem, reparação e fácil acesso aos pontos de lubrificação.

- Manutenção da vida útil no transporte e alterações climáticas.

Na análise deste documento, verificou-se que a frequência natural do ventilador compósito é reduzida devido à elevada rigidez e à sequência de colocação no ventilador. Também se verificou que a frequência natural do soprador compósito é reduzida devido à elevada rigidez e à sequência de colocação no soprador.

Kotakar Sandeep Gulabrao, Prof. D.S. Khedekar "Otimização do ângulo da palheta de saída do impulsor da bomba centrífuga utilizando a análise modal"[16] As bombas centrífugas são equipamentos muito comuns utilizados em aplicações residenciais, agrícolas e industriais.

Neste trabalho, a análise consiste em análise estática e análise modal. A partir da análise estática de todos os tipos de impulsores, obtém-se a deformação total e a tensão equivalente e, a partir da análise modal, obtém-se a frequência natural de vibração de todos os tipos de impulsores. O nosso principal objetivo é manter a frequência natural superior à frequência crítica do impulsor para evitar a destruição vibratória do impulsor da bomba, uma vez que o efeito vibratório é o fator mais importante na conceção da bomba.

As causas das vibrações podem ser divididas em 3 grandes categorias:

1. Erros de aplicação, conceção ou fabrico - causados

2. De origem interna

3. De origem externa

Os problemas de velocidade crítica são praticamente inexistentes nas bombas horizontais que funcionam a velocidades máximas: Os fabricantes concebem os seus produtos de modo a que a primeira velocidade crítica esteja acima da velocidade de rotação mais elevada. Existem duas formas de corrigir os problemas de velocidade crítica e reduzir a vibração para níveis aceitáveis: Altere a frequência natural da bomba. Isto deve ser feito em consulta ou com a assistência do fabricante da bomba.

Dudekula Saddam Hussainl , M. Srinivasulu2 , P. Rakesh Kumar "Análise estática e dinâmica de um ventilador centrífugo utilizando material compósito"[71] Os impulsores rotativos aumentam a velocidade do ar que sopra de outra extremidade. Utilizam a energia cinética da pá rotativa ou do impulsor para aumentar a pressão e tendem a diminuir ligeiramente a velocidade do fluxo de ar/gás, o que, por sua vez, os move contra amortecedores e outros componentes que causam resistência. Neste projeto, análise estática e dinâmica de sopradores centrífugos usando materiais compósitos Os sopradores centrífugos são usados em aplicações navais e motores que têm altos níveis de ruído. O ruído gerado por um componente rotativo deve-se principalmente à força de carga aleatória nas pás e à iteração periódica do ar que entra com as pás do rotor. As pás contemporâneas em aplicações navais são feitas de alumínio ou aço e geram ruído que causa perturbação às pessoas que trabalham perto do ventilador.

Este trabalho de projeto tem como objetivo observar a escolha do carbono HM como alternativa ao metal para um melhor controlo das vibrações. O HM Carbon, conhecido pelas suas características superiores de amortecimento, é mais promissor na redução de vibrações do que os metais. A modelação do soprador foi efectuada em

Unigraphics. Propõe-se projetar o soprador com HM Carbon, analisar a sua resistência e deformação utilizando a técnica FEM

A partir dos resultados da análise, concluiu-se que o ventilador com o material compósito HM- Carbono/Epoxy produziu menos tensão (que é inferior à tensão final) e menos gama de frequências (menos ruído) em condições de funcionamento. Assim, o material considerado é seguro para o desenvolvimento de um ventilador.

Karthik Matta, Kode Srividya, Inturi Prakash "Static and Dynamic Response of an Impeller at Varying Effects"[8] O impulsor feito de material fundido em muitos casos também pode ser chamado de rotor. É mais barato fundir o rotor radial no suporte em que está montado, que é posto em movimento pela caixa de velocidades de um motor elétrico, de um motor de combustão ou de uma turbina a vapor. O rotor designa geralmente o eixo e o impulsor quando são montados por parafusos. Um impulsor é um componente rotativo de uma bomba centrífuga, geralmente feito de ferro, aço, bronze, latão, alumínio ou plástico, que transfere energia do motor que acciona a bomba para o fluido que está a ser bombeado, acelerando o fluido para fora do centro de rotação. A velocidade alcançada pelo impulsor transforma-se em pressão quando o movimento exterior do fluido é confinado pelo corpo da bomba.

As conclusões foram as seguintes

1. Se o número de lâminas, o ângulo das lâminas e o diâmetro exterior aumentarem, as tensões e as deformações também aumentam, estando todas dentro do limite admissível, e podemos aumentar a pressão do ar de escape.

2. A análise do modelo foi realizada para descobrir as frequências naturais da pá do impulsor, utilizando a análise harmónica, e descobrimos que ocorre ressonância.

3. Os resultados da análise total comparam e concluem que os materiais compósitos têm menos deformações e tensões.

Desempenho de uma bomba de água num sistema de arrefecimento de um motor automóvel[9] Um sistema de arrefecimento utilizado num automóvel destina-se a manter a temperatura desejada do líquido de arrefecimento, garantindo assim um funcionamento ótimo do motor. A convecção forçada obtida por meio de uma bomba de água aumentará o efeito de arrefecimento. Assim, é necessário compreender o funcionamento da bomba do sistema e ser capaz de proporcionar o melhor arrefecimento do motor. O objetivo desta investigação laboratorial é estudar as características da bomba de água de um sistema de arrefecimento do motor. Os parâmetros cruciais da bomba de água são a cabeça, a potência e a sua eficiência. Para investigar as características da bomba de água, foi concebido e desenvolvido um simulador de arrefecimento automóvel. Todos os dados obtidos são importantes para a conceção de uma bomba de água mais eficiente, como uma bomba eléctrica que seja independente da potência do motor. Além disso, o simulador de ensaio pode também ser utilizado para investigar quaisquer outros parâmetros e produtos, como o desempenho do radiador e da bomba eléctrica, antes da instalação no sistema de arrefecimento do motor real. A partir da experiência realizada para simular o desempenho de um sistema de arrefecimento de um Proton Wira (4G15), a potência máxima é igual a 37 W, o que indica que a eficiência da bomba é relativamente demasiado baixa em comparação com a potência típica consumida pela bomba do motor, que é de cerca de 1 a 2 kW. Por outro lado, a potência máxima e a eficiência obtidas no simulador do banco de ensaio são iguais a 42 W e 15%, respetivamente.

A queima de combustível no motor de combustão interna de um veículo produz um enorme calor. Durante a queima da mistura ar-combustível nos cilindros do motor, a temperatura do gás de combustão pode atingir 2200OC ou mais [1,2 & 3]. O calor produzido é transformado em energia cinética pelos pistões, bielas e outros componentes mecânicos do motor para funcionar. No entanto, nem todo o calor pode ser transferido para potência mecânica útil [4, 5]. Cerca de um terço da energia produzida pela combustão é convertida em potência mecânica. Entretanto, outro terço é dissipado como calor através do escape e o resto da energia é transferida pelo sistema de arrefecimento [6, 7]. Para remover o excesso de calor produzido pelo motor, é necessário ter um sistema de arrefecimento. Se a alta temperatura produzida pela queima da mistura ar-combustível não for controlada, causará a quebra do óleo lubrificante e perderá as suas propriedades lubrificantes [8]. No entanto, a remoção de demasiado calor através das paredes do cilindro e da cabeça pode diminuir a eficiência térmica do motor. O principal objetivo do sistema de arrefecimento é manter o motor à sua temperatura de funcionamento mais eficiente em todos os regimes e condições de condução[9]. Quando o motor está frio, o sistema de arrefecimento não funciona normalmente para fazer com que o motor atinja rapidamente a temperatura de funcionamento. O sistema de arrefecimento só removerá o excesso de calor quando o motor atingir a temperatura normal de funcionamento.

CAPÍTULO 3: ESPECIFICAÇÕES DO PROBLEMA

3.1 Objetivo do projeto

A partir da pesquisa bibliográfica, chegámos à conclusão de que uma bomba com uma elevada resistência estrutural em relação ao rácio proporciona uma maior vida útil e um bom desempenho. Para o conseguir, é necessário conceber uma estrutura optimizada da caixa da bomba. Mas hoje em dia, ao otimizar a estrutura da caixa, não prestamos atenção às cargas estruturais que actuam sobre ela, uma vez que as características do fluido são mais preocupantes ao projetar a bomba de refrigeração.

A vida útil da caixa foi reduzida devido à carga de pressão que gera um movimento de rotação nas palhetas da bomba. Além disso, a vida das estruturas de suporte foi reduzida devido à pré-carga dos parafusos, à pressão e à temperatura que actuam no corpo da bomba em condições de funcionamento.

Nestas condições, a estrutura da caixa será submetida a grandes tensões. Se analisarmos a caixa da bomba apenas sob pressão e temperatura, haverá uma diferença. Para além da carga acima referida, aplicámos a pré-carga nos parafusos para prever com precisão a resistência estrutural da caixa da bomba.

Em particular, o objetivo do trabalho é chegar a uma conceção optimizada da caixa da bomba que apresente uma elevada relação resistência/razão em condições de carga estática. Além disso, espera-se também que a carga de pressão, juntamente com a pré-carga do parafuso, acrescente uma visão física útil durante o projeto da estrutura da caixa da bomba.

3.2 Âmbito do estudo

Devido a este problema, que foi explicado no tópico anterior, utilizámos a metodologia FEA para prever a resistência estrutural da caixa da bomba. As condições de fronteira e as condições de carga serão definidas de forma a simular o cenário real durante o seu funcionamento, em que as condições de carga de entrada serão retiradas da literatura e serão aplicadas ao FEA para resolver a deformação estrutural e a distribuição de tensões. Utilizámos o software Fluent ANSYS WORKBENCH para obter os resultados da deformação e da tensão. A abordagem principal deste método é obter a estrutura optimizada da caixa da bomba sob condições de pressão, temperatura e pré-carga. Além disso, esta análise estrutural fornecerá os resultados adequados de tensão e deformação devido às cargas que actuam sobre ela.

CAPÍTULO 4: METODOLOGIA

Os dados relativos à carga da caixa da bomba foram retirados de estudos bibliográficos. Com base nas lacunas encontradas, o objetivo foi claramente definido. Para começar, considerámos a bomba de arrefecimento de um motor automóvel como modelo de base para análise. O modelo CAD da carcaça da bomba é importado para o ANSYS WORKBENCH para simulação e obtenção da resistência estrutural.

Foi efectuado um pré-processamento e definidas as condições de fronteira adequadas antes do início da simulação. Foram definidas as propriedades dos materiais correspondentes aos componentes considerados na análise. Depois disso, as cargas retiradas da literatura foram aplicadas ao ANSYS Mechanical para simulação FEA.

As propriedades geométricas, a malha e as propriedades dos materiais foram atribuídas antes do início da simulação FEA. A análise estrutural foi efectuada para obter valores de deformação, tensão e deformação. Com base no valor de tensão obtido na simulação, foram efectuadas as modificações correspondentes para a iteração seguinte. Finalmente, o modelo optimizado da caixa da bomba foi concebido de forma a que a resistência ao escoamento da caixa da bomba seja inferior à resistência ao escoamento do material da caixa.

4.1 Detalhes da geometria

O conjunto da bomba contém várias peças, tais como a caixa, o veio rotativo, o impulsor e outros componentes. Com base na análise orientada, é difícil modelar todos os subconjuntos devido à sua complexidade.

Esta caixa da bomba é modelada utilizando o software CREO e a geometria simplificada é modelada para análise.

Fig. 4.1 : Vista isométrica do modelo de base

A bomba é projectada com base na teoria básica do projeto da bomba centrífuga e, ao mesmo tempo, a estrutura da bomba existente é referenciada. Após o cálculo dos parâmetros relevantes do projeto da bomba, o modelo final é selecionado.

4.1.1 Ferramenta de otimização

- O software ANSYS Mechanical oferece uma solução abrangente para análise estrutural linear ou não linear e dinâmica. O produto fornece um conjunto completo de elementos de comportamento, modelos de materiais e solucionadores de equações para uma ampla gama de problemas de engenharia. Além disso, o ANSYS Mechanical oferece análise térmica e capacidades de física acoplada envolvendo análise acústica, piezoeléctrica, termo-estrutural e termoeléctrica

- O Nastran é um programa de análise de elementos finitos (FEA) que foi originalmente desenvolvido para a NASA no final dos anos 60, com financiamento do governo dos Estados Unidos para a indústria aeroespacial

- O Abaqus é utilizado nas indústrias automóvel, aeroespacial e de produtos industriais. O produto é popular entre as instituições académicas e de investigação devido à ampla capacidade de modelação de materiais e à capacidade de personalização do programa. O Abaqus também fornece uma boa coleção de capacidades multi-físicas, tais como capacidades acopladas acústico-estruturais, piezoeléctricas e de poros estruturais, tornando-o atrativo para simulações ao nível da produção em que é necessário acoplar vários campos.

- O Ls-Dyna é um software avançado de simulação multifísica de uso geral. Embora continue a conter cada vez mais possibilidades para o cálculo de muitos problemas complexos do mundo real, as suas origens e competências nucleares residem na análise de elementos finitos dinâmicos transientes altamente não lineares (FEA) utilizando a integração explícita no tempo. O LS-DYNA está a ser utilizado pelas indústrias automóvel, aeroespacial, de construção, militar, de fabrico e de bioengenharia

- O Pam-Crash é um pacote de software do Grupo ESI utilizado para a simulação de colisões e a conceção de sistemas de segurança dos ocupantes, principalmente na indústria automóvel. O PAM- CRASH permite aos engenheiros automóveis simular o desempenho de um projeto de veículo proposto e avaliar o potencial de lesões dos ocupantes do veículo em vários cenários de colisão.

- O Matlab (matrix laboratory) é um ambiente de computação numérica e uma linguagem de programação de quarta geração. Desenvolvido pela math works, permite manipulações de matrizes, plotagem de funções e dados, implementação de algoritmos, criação de interfaces de utilizador e interface com programas escritos noutras linguagens, incluindo C, C++, Java e Fortran.

- O software Ansys Fluent contém as amplas capacidades de modelação física necessárias para modelar o fluxo, a turbulência, a transferência de calor e as reacções para aplicações industriais que vão desde o fluxo de ar sobre uma asa de avião até à combustão num forno, desde colunas de bolhas até plataformas petrolíferas, desde o fluxo sanguíneo até ao fabrico de semicondutores e desde a conceção de salas limpas até às estações de tratamento de águas residuais. Os modelos especiais que dão ao software a capacidade de modelar a combustão dentro do cilindro, a acústica aeronáutica, a maquinaria turbo e os sistemas multifásicos serviram para alargar o seu alcance.

- O STAR-CCM+ fornece a simulação de física de engenharia mais abrangente do mundo num único pacote integrado. Muito mais do que um código CFD, o STAR-CCM+ proporciona um processo de engenharia para a resolução de problemas que envolvem o escoamento (de fluidos e sólidos), a transferência de calor e as tensões. O STAR-CCM+ é incomparável na sua capacidade de resolver problemas que envolvem multi-física e geometrias complexas.

4.2 Análise de elementos finitos (FEA)

A Análise de Elementos Finitos (FEA) é uma representação matemática de um sistema físico que inclui uma peça/montagem, propriedades dos materiais e condições de fronteira. Em várias situações, o comportamento do produto no mundo real não pode ser aproximado por simples cálculos manuais. Uma técnica geral como a FEA é um método conveniente para representar comportamentos complexos, captando com precisão os fenómenos físicos através de equações diferenciais parciais. A FEA amadureceu e foi democratizada de modo a poder ser utilizada tanto por engenheiros de projeto como por especialistas.

4.2.1 Pré-processamento
- **Limpeza da geometria e extração do domínio dos fluidos:**

O primeiro passo no processo FEA é a limpeza da geometria, onde são removidas as espessuras e geometrias indesejadas que não influenciam a rigidez estrutural em grande medida. E certifica-se de que a resistência estrutural permanece inalterada.

Malha

A criação de malhas é um dos passos mais importantes para efetuar uma simulação precisa utilizando a FEA. Uma malha é composta por elementos que contêm nós (localizações de coordenadas no espaço que podem variar consoante o tipo de elemento) que representam a forma da geometria. Um solucionador de FEA não consegue trabalhar facilmente com formas irregulares, mas fica muito mais satisfeito com formas comuns como cubos. A malha é o processo de transformar formas irregulares em volumes mais reconhecíveis chamados "elementos".

Condições de fronteira

O passo final do pré-processamento é a definição das condições de fronteira. A malha é verificada e dimensionada e as condições de fronteira são definidas para o domínio.

Solução

Os monitores de solução, os critérios de convergência e o número de iterações são definidos e a solução é obtida.

4.2.2 Pós-processamento

As soluções são apresentadas sob a forma de gráficos, gráficos de contorno, gráficos vectoriais, linhas de caminho ou as soluções podem ser geradas como relatórios numéricos.

Pressupostos da FEA

A análise estática foi efectuada no ANSYS WB sujeita a cargas de pré-carga, pressão e temperatura. O material foi assumido como sendo linear, elástico e homogéneo. Foram efectuadas as ligações adequadas entre os componentes. Posteriormente, foram aplicadas as cargas definidas.

Fig. 4.2: Modelo de base com as partes do corpo realçadas

4.2.3 Material e suas propriedades

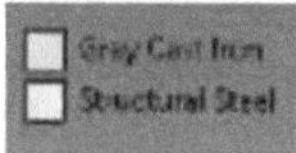

Fig. 4.3 : Ferro fundido cinzento

Ferro fundido cinzento Propriedades:

Densidade - 7,2e-06 kg/mm²

Módulo de Young - 1,1e+05 MPa

Condusctividade térmica - 0,052 W/mm C°

Calor específico - 4,47e+05 mJ/kg0C

Propriedades dos aços estruturais

Densidade - 7,85e-06 kg/mm²

Módulo de Youngs - 2e-05 MPa

Condutividade térmica - 0,0605 W/mm C⁰

4.2.4 Ligações

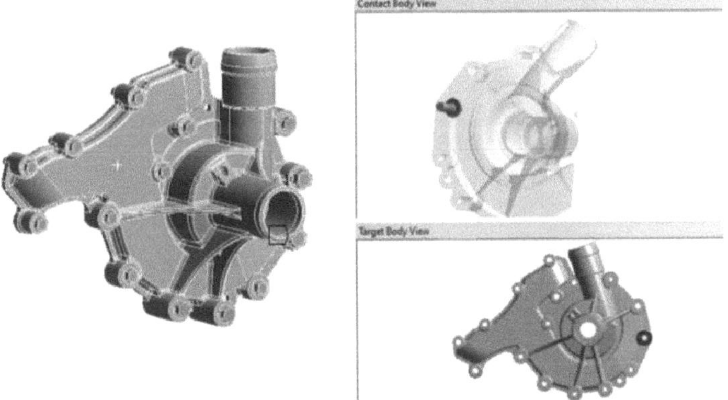

Fig. 4.4: Contacto de ligação estabelecido entre o corpo da bomba e o parafuso M6.

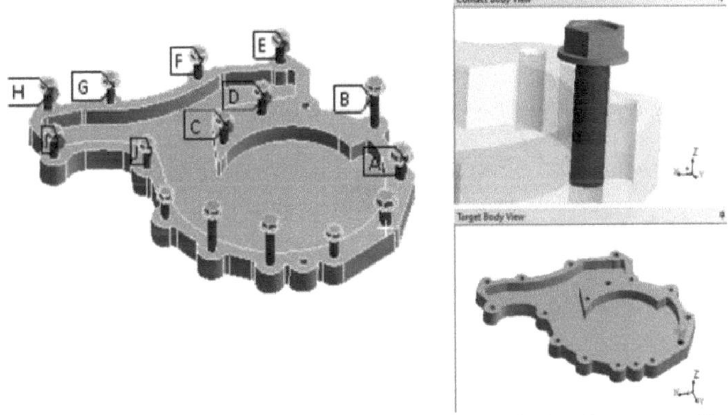

Fig. 4.5: Contacto de ligação estabelecido entre o corpo da bomba e o parafuso M8.

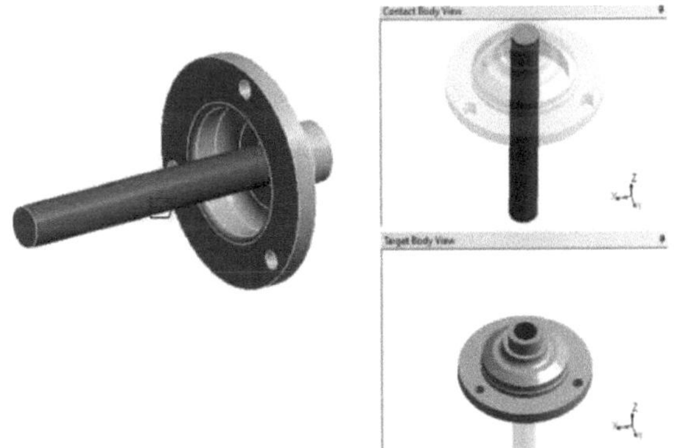

Fig. 4.6: Contacto de ligação definido entre o veio e o suporte do veio.

4.2.5 Malha

A malha foi efectuada em todos os componentes com elementos tetraédricos e hexaédricos.

Fig. 4.7 : Corpo com malha

Estatísticas do corpo com malha

Statistics	
Nodes	219047
Elements	117382

4.2.6 Condição de carga térmica

A análise térmica em estado estacionário é efectuada na carcaça da bomba, seguida da análise de expansão térmica efectuada em ambiente estrutural estático. A temperatura de 160 graus Celsius é aplicada na superfície interna da bomba e dos seus componentes.

Fig. 4.8: Corpo térmico mostrando o coeficiente de convecção para o modelo de base

O coeficiente de convecção de **2,5e-005** W/mm^2 é aplicado na superfície exterior do invólucro e da tampa, de acordo com as condições ambientais. A condutividade térmica é definida de acordo com os materiais.

O coeficiente de convecção livre de 5.c-006 W/mm^2 é aplicado na parede exterior dos componentes da bomba, como se mostra a seguir.

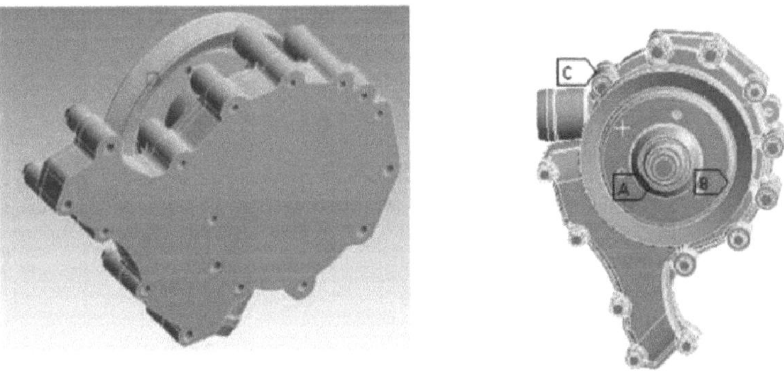

Fig. 4.9 : Coeficiente de convecção no corpo exterior para o modelo de base

4.2.7 Condição de carga estática

Há dois casos de carga que têm de ser resolvidos para determinar a resistência estrutural da caixa da bomba. Inicialmente, o valor do binário é de 26 N-m e 10,5 N-m nos parafusos M8 e M6, respetivamente. Esta carga é aplicada a cada parafuso do conjunto, seguida de cargas estruturais, tais como pressão uniforme de 0,3 MPa e temperatura, aplicadas à superfície interna da caixa da bomba.

Fig. 4.11: Carga de pré-tensão do parafuso de 14772 N

No primeiro passo de carga, o valor da pré-tensão do parafuso 14772 N é aplicado em cada parafuso e este passo de carga é resolvido para a condição de carga de pré-tensão juntamente com a condição de carga térmica importada.

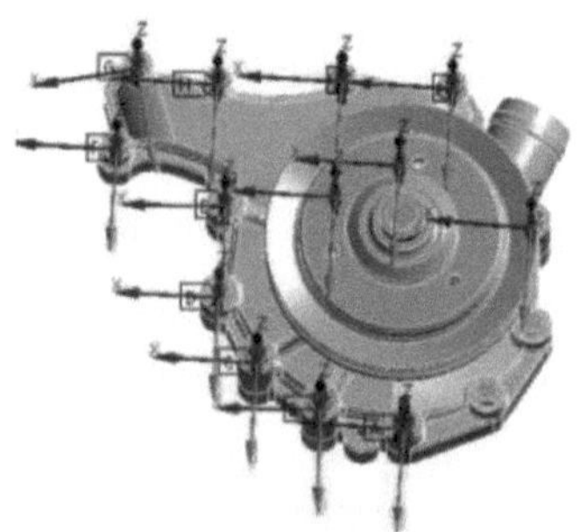

Tabular Data				
	Steps	✔ Define By	✔ Preload [N]	✔ Preadjustment [mm]	✔ Increment [mm]
1	1.	Load	7954.	N/A	N/A

Fig. 4.10: Carga de pré-tensão do parafuso de 7954 N

No mesmo patamar de carga, o valor da pré-tensão do parafuso 7954 N é aplicado em cada parafuso e este patamar de carga é resolvido para a condição de carga de pré-tensão juntamente com a condição de carga térmica importada.

É aplicada uma carga de pressão de 0,3 MPa na superfície interna do tubo flexível da bomba, tal como indicado na figura acima.

4.2.8 Condição de fronteira

Fig. 4.12 : A parede exterior da caixa da bomba é fixada em todos os graus de liberdade, como indicado acima.

CAPÍTULO 5: Resultados do método de elementos finitos para o modelo de base

5.1 Resultados da análise térmica

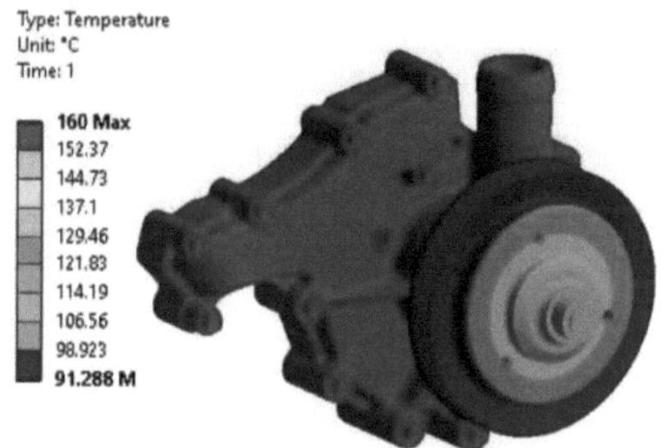

Fig. 5.1 : Distribuição da temperatura com o SHAFTER

A distribuição da temperatura no corpo da bomba é mostrada acima. Varia de 91 graus Celsius a 160 graus Celsius. Verifica-se que a temperatura máxima é observada na superfície interior do corpo da bomba e a mínima na região de apoio do veio.

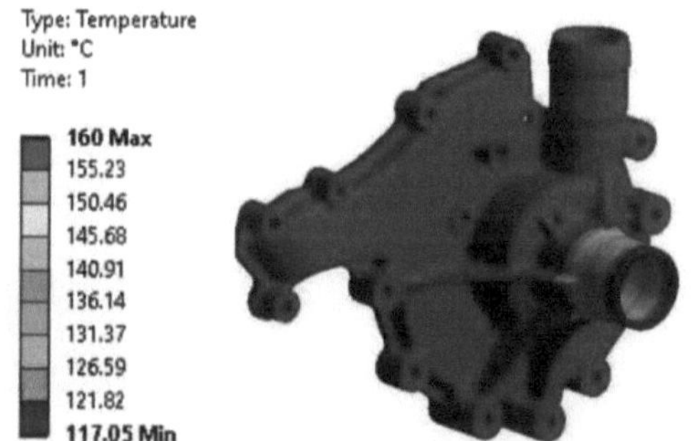

Fig. 5.2; Distribuição da temperatura sem o suporte do veio

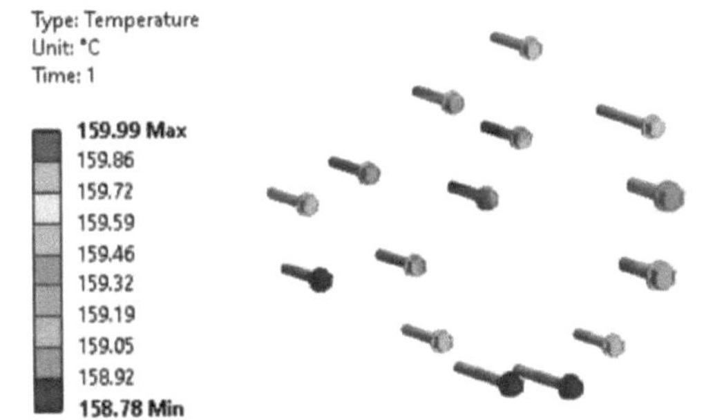

Fig. 5.3 : Distribuição da temperatura de vários parafusos

5.2 Resultados da análise estática: (Pré-tensão e carga térmica)

Observa-se uma deformação total de 0,2387 mm no conjunto global para a condição de carga térmica, apenas com a carga de pré-tensão do parafuso. Isto mostra que a carga térmica é a principal contribuição para a deformação em todos os componentes.

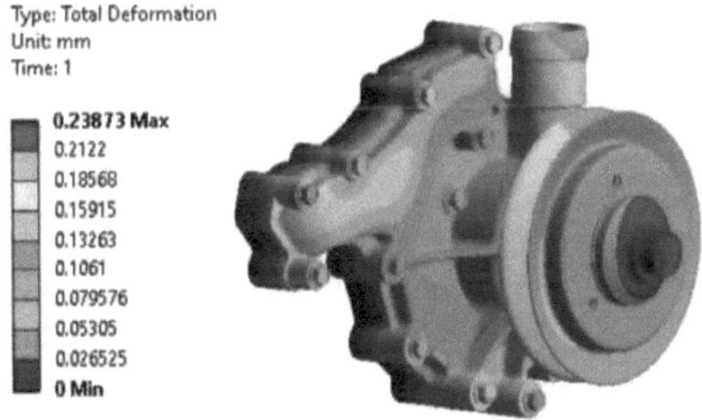

Fig. 5.4: Deformação total: (térmica + retração) para todos os componentes

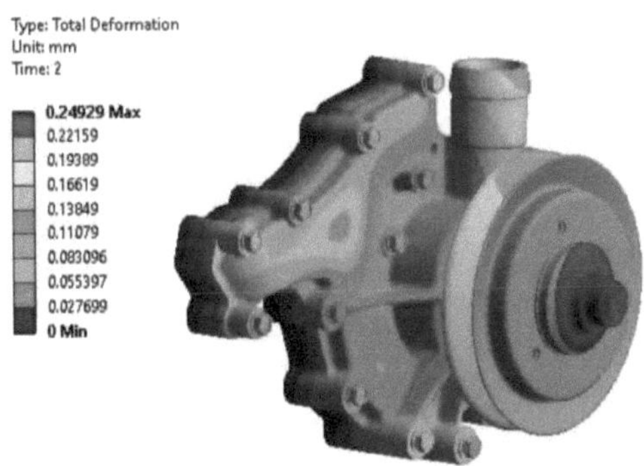

Fig. 5.5: Deformação total: (Térmica +Pretensão + Carga de pressão) para todos
os componentes

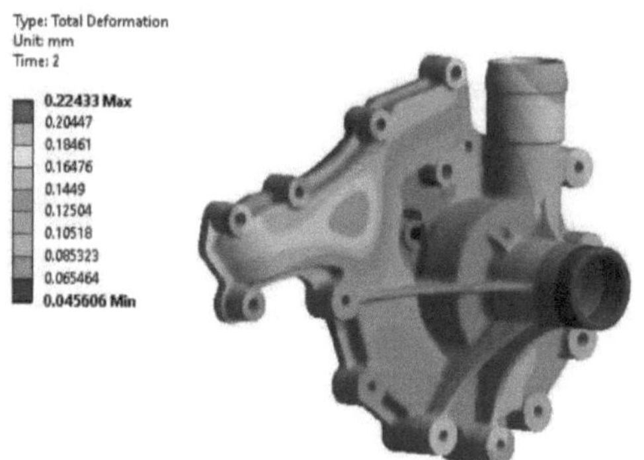

Fig.5.6: Deformação total da caixa da bomba: (térmica + tensão + carga de
pressão)

5.3 Tensão máxima de von-Mises na carcaça da bomba:

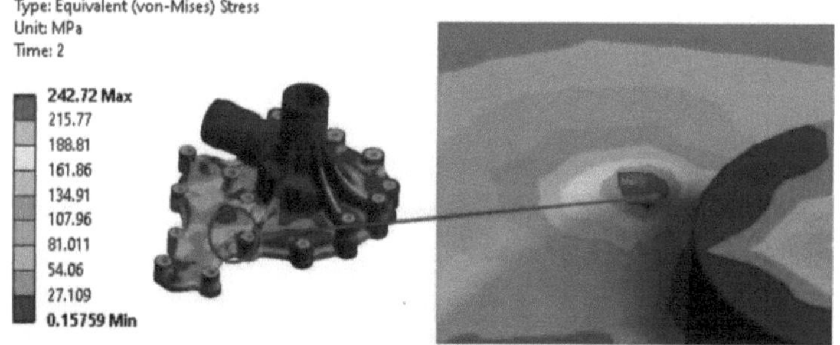

Fig. 5.7 : O valor máximo de tensão 242. 72 MPa é observado no corpo da bomba

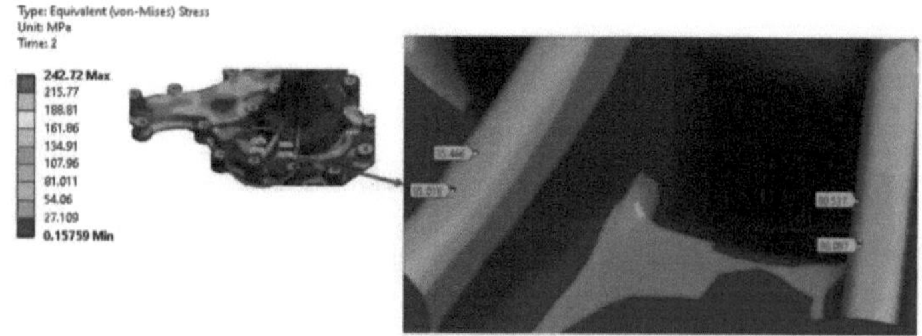

Fig. 5.8 : A tensão máxima de 88,07 MPa é observada nas nervuras da caixa da
bomba mostradas acima.

CAPÍTULO 6: MODIFICAÇÃO

Na Iteração 1, o modelo da caixa da bomba é considerado como modelo de base. De seguida, realizámos a análise térmica para a condição de carga de temperatura. A distribuição da carga de temperatura é importada para a condição de carga estática e a análise é efectuada. Com base nos resultados das tensões observadas, alterámos o design para melhorar a resistência do corpo da bomba.

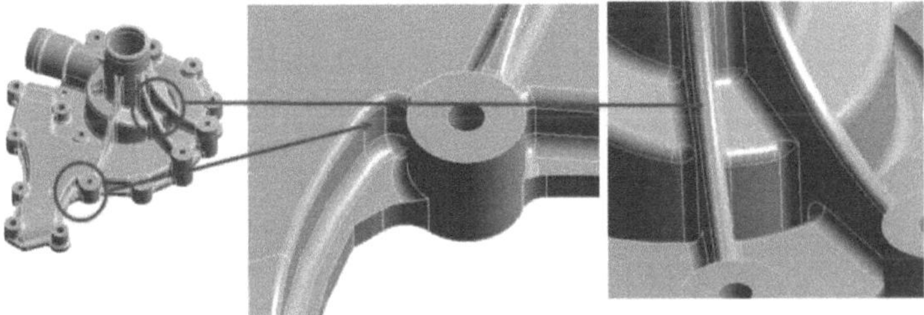

Fig. 6.1 : Modelo de base

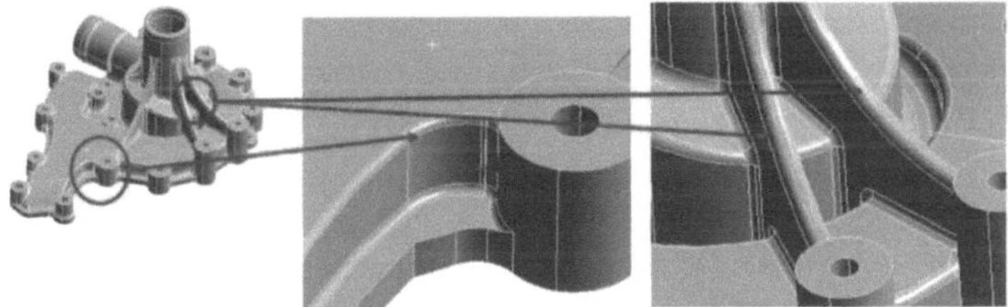

Fig. 6.2 : Modelo modificado

CAPÍTULO 7: MODELO CAD DE CONCEPÇÃO MODIFICADO

Fig. 7.1 : Modelo modificado

7.1 Material e suas propriedades

Fig. 7.2 : Ferro fundido cinzento

7.2. Ligações

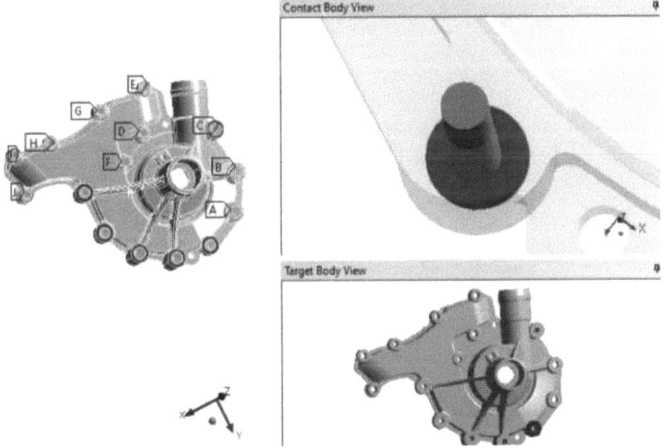

Fig. 7.3 : Contacto de ligação estabelecido entre o corpo da bomba e o parafuso M6

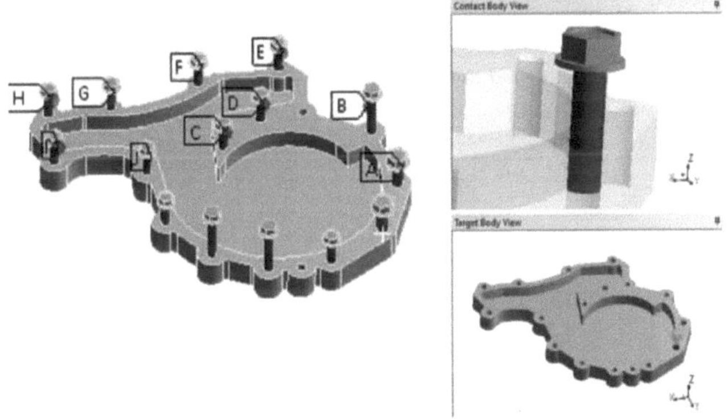

Fig. 7.4: Contacto de ligação estabelecido entre o parafuso M8 do corpo da bomba

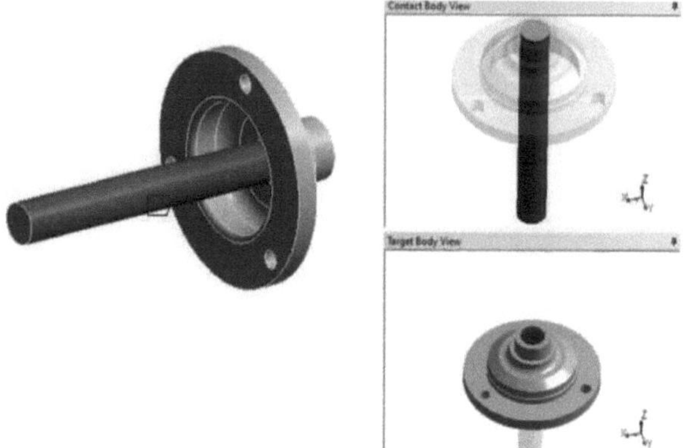

Fig. 7.5: Contacto colado definido entre o veio e o suporte do veio.

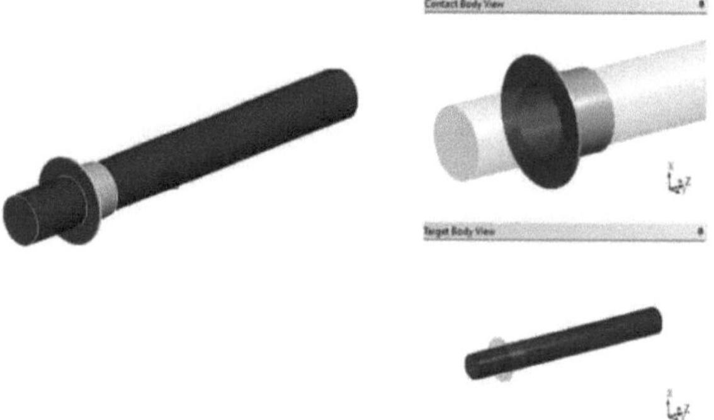

Fig. 7.6: Não há contacto de separação definido entre o veio e a tampa de fecho da bomba

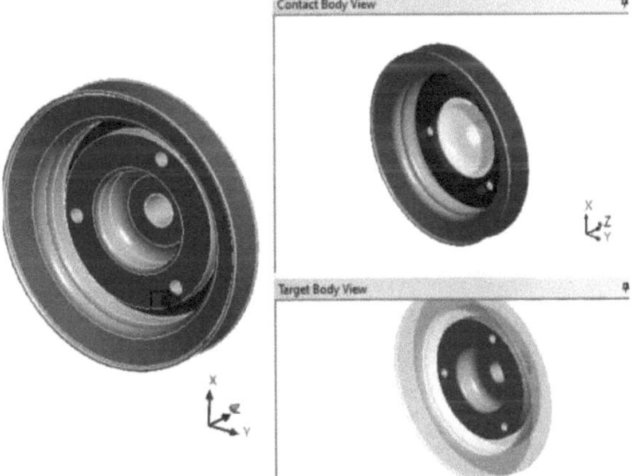

Fig.7.7: Não há contacto de separação definido entre o suporte do eixo e a tampa de fecho da bomba

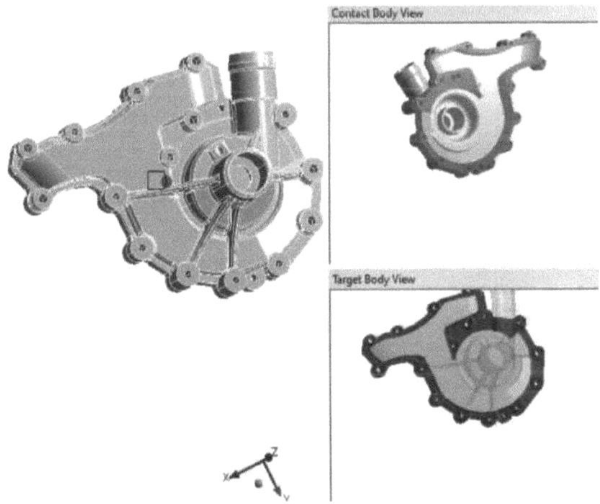

Fig. 7.8 : Contacto de fricção definido entre a bomba e a tampa da bomba, como indicado abaixo

7.3 Malha

A malha foi efectuada em todos os componentes com elementos tetraédricos e hexaédricos.

Fig. 7.9 : Malha do modelo modificado

7.4 Condição de carga térmica

Análise térmica em estado estacionário efectuada na caixa da bomba, seguida de uma análise de expansão térmica efectuada em ambiente estrutural estático. A temperatura de 160 graus Celsius é aplicada na superfície interna da bomba e dos seus componentes.

Fig. 7.10: Corpo térmico mostrando o coeficiente de convecção para o modificado
Modelo

O coeficiente de convecção de **2,5e-005** W/mm^2 é aplicado na superfície exterior do corpo e da tampa, de acordo com a condição ambiente. parede dos componentes da bomba, como mostrado abaixo.

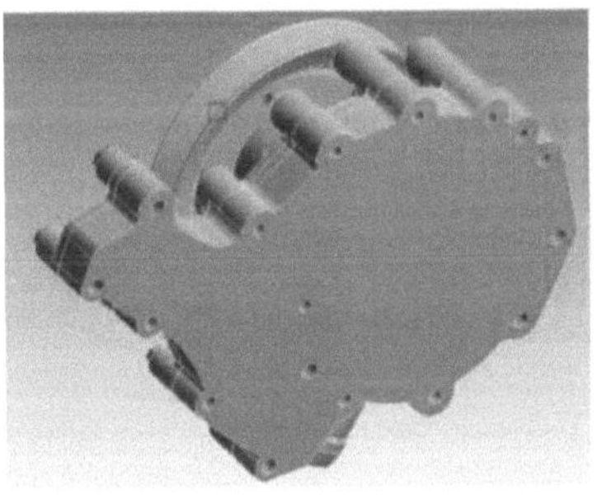

Fig. 7.11: Coeficiente de convecção no corpo exterior para o modelo modificado

7.5 Condição de carga estática

Há dois casos de carga que têm de ser resolvidos para determinar a resistência estrutural da caixa da bomba. Inicialmente, o valor do binário é de 26 N-m e 10,5 N-m nos parafusos M8 e M6, respetivamente. Esta carga é aplicada a cada parafuso do conjunto, seguida de cargas estruturais, tais como pressão uniforme de 0,3 MPa e temperatura, aplicadas à superfície interna da caixa da bomba.

Fig. 7.12 : Carga de pré-tensão do parafuso de 14772 N

No primeiro passo de carga, o valor da pré-tensão do parafuso 14772 N é aplicado em cada parafuso e este passo de carga é resolvido para a condição de carga de pré-tensão juntamente com a condição de carga térmica importada.

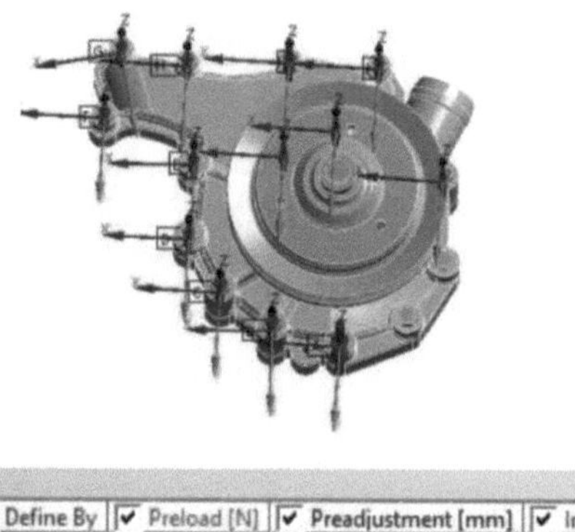

Tabular Data

	Steps	☑ Define By	☑ Preload [N]	☑ Preadjustment [mm]	☑ Increment [mm]
1	1.	Load	7954.	N/A	N/A

Fig. 7.13: Carga de pré-tensão do parafuso de 7954 N

No mesmo patamar de carga, o valor da pré-tensão do parafuso 7954 N é aplicado em cada parafuso e este patamar de carga é resolvido para a condição de carga de pré-tensão juntamente com a condição de carga térmica importada.

Fig.7.14: Corpo térmico mostrando o coeficiente de convecção para o modelo de base

Aplica-se uma carga de pressão de 0,3 MPa na superfície interna do tubo flexível da bomba, como indicado na figura acima.

7.6 Condição de fronteira

Fig. 7.15: A parede exterior da caixa da bomba é fixa em todos os graus de liberdade

CAPÍTULO 8: RESULTADOS DO FEA

8.1 Resultados da análise térmica

Fig. 8.1 : Distribuição da temperatura com Shafter

A distribuição da temperatura no corpo da bomba é mostrada acima. Varia de 91 graus Celsius a 160 graus Celsius. Verifica-se que a temperatura máxima é observada na superfície interior do corpo da bomba e a mínima na região de apoio do veio.

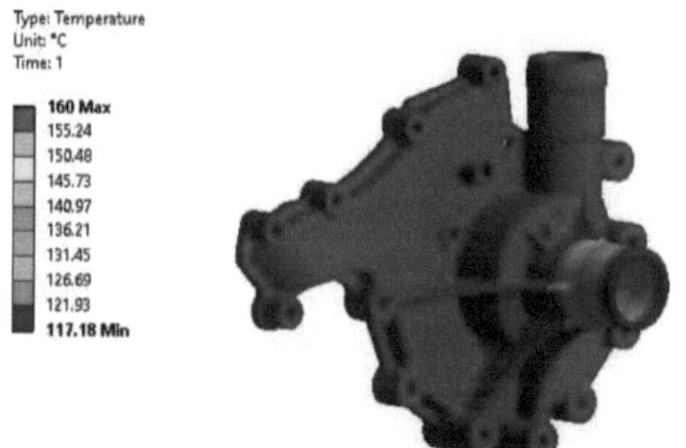

Fig. 8.2 : Distribuição da temperatura sem o SHAFTER

A distribuição da temperatura de vários parafusos no conjunto é mostrada abaixo. Varia de 158 graus Celsius a 160 Celsius.

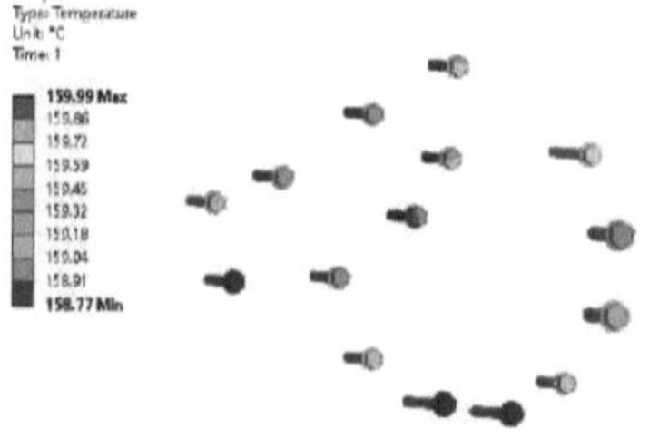

8.2 Resultados da análise estática: (Pré-tensão e carga térmica)

Observa-se uma deformação total de 0,2387 mm no conjunto global para a condição de carga térmica, apenas com a carga de pré-tensão do parafuso. Isto mostra que a carga térmica é a principal contribuição para a deformação em todos os componentes.

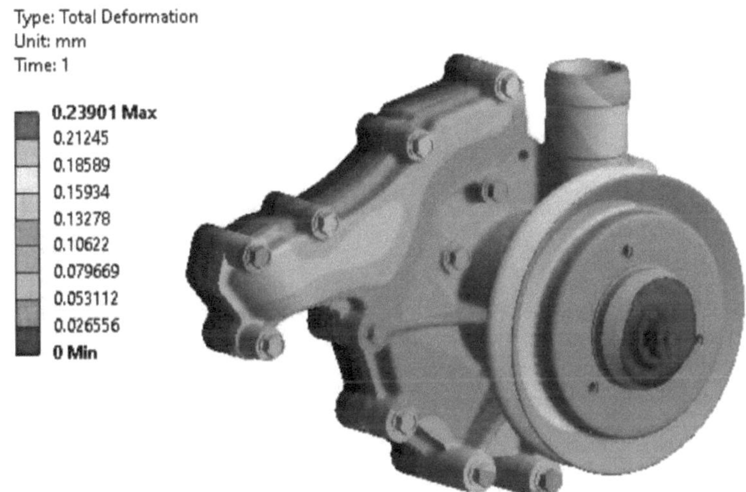

Fig. 8.4: Deformação total (térmica + retração) para todos os componentes

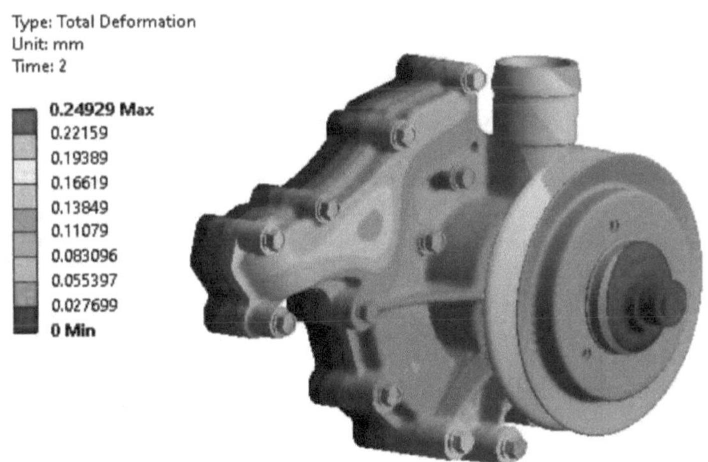

Fig. 8.5: Deformação total: (Térmica +Pretensão+ Carga de pressão) para todos os componentes

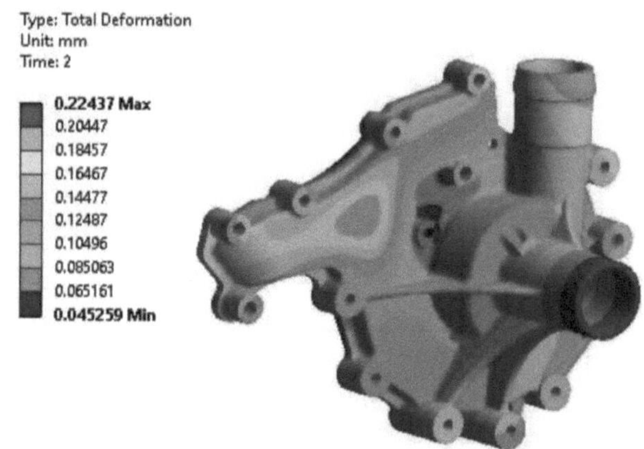

Fig. 8.6: Deformação total do corpo da bomba: (Térmica +Pretensão+ Carga de pressão)

8.3. Gráfico de tensão máxima de von-Mises do corpo da bomba

Fig.8.7: O valor máximo de tensão 168,89 MPa é observado na caixa da bomba mostrada acima

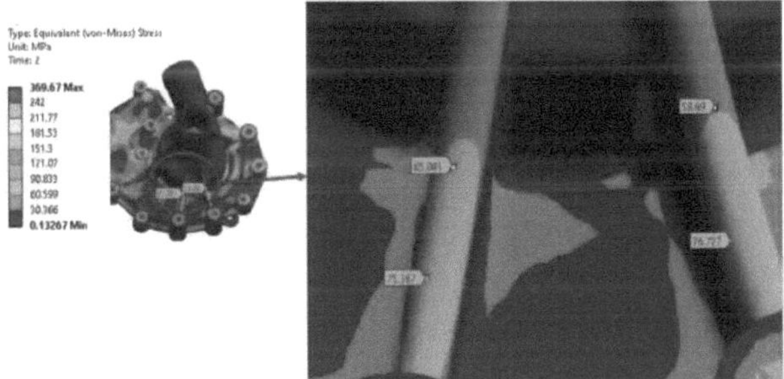

Fig. 8.8 : A tensão máxima de 76,72 MPa é observada nas nervuras da caixa da bomba mostradas acima.

CAPÍTULO 9: CONCLUSÃO

A bomba de água retira a água do radiador e move-a através do motor de volta para o radiador, onde o ciclo começa novamente. Assegura que o seu motor se mantém a uma temperatura constante, independentemente da temperatura. A água do radiador aquece à medida que passa pelo motor. Um sistema de arrefecimento utilizado num automóvel destina-se a manter a temperatura desejada do líquido de arrefecimento, garantindo assim um funcionamento ótimo do motor. O papel da bomba de água desempenha um papel crucial no desempenho do motor. Assim, é necessário compreender a resistência estrutural da caixa da bomba do sistema. A carcaça da bomba de água do motor de alta potência é analisada quanto à carga estática, como a pré-carga do parafuso, a pressão e as cargas de temperatura.

A fim de investigar a resistência estrutural da carcaça da bomba de água, foi concebida uma carcaça de bomba de arrefecimento para automóveis, seguida de uma análise FEA em ANSYS. Todos os dados obtidos são importantes para a conceção de uma caixa de bomba de água mais eficiente. O principal objetivo do projeto é conceber e analisar a caixa da bomba para suportar a pré-carga dos parafusos e a carga estática gerada quando a bomba está a funcionar. Assim, a resistência estrutural da caixa é prevista através das condições de carga de funcionamento. A deformação estrutural e a distribuição de tensões também são calculadas em várias condições. Desta forma, o design de base é optimizado para as várias condições de carga. Finalmente, a análise comparativa é efectuada utilizando o software Ansys Workbench e a percentagem de aumento da resistência é identificada. O projeto de base e o projeto optimizado são modelados utilizando o software CREO

ÂMBITO DE APLICAÇÃO FUTURA

Estas conclusões sugerem que a investigação sobre veículos autónomos no domínio dos ITS é uma realidade a curto prazo e uma área de investigação promissora, constituindo estes resultados o ponto de partida para futuros desenvolvimentos. Algumas das sugestões para a extensão e/ou futuros trabalhos relacionados são identificadas e resumidas a seguir:

- Devem ser explorados novos sistemas sensoriais e a fusão sensorial para fornecer informações adicionais ao sistema de controlo

- Este trabalho pode ser alargado de modo a incluir diferentes manobras para tornar o sistema de condução capaz de lidar com todos os ambientes de condução.

- As questões futuras podem também incluir um algoritmo para a formação autónoma da condução cooperativa.

Assim, com a atual e crescente sensibilização para a importância da segurança, os sistemas autónomos de veículos fiáveis podem ser implantados em poucos anos.

REFERÊNCIAS

[1]   G.V. Sairam, B. Suresh, CH. Sai Hemanth, K. Krishna sai "Sistema de travagem mecatrónico inteligente" Jornal Internacional de Tecnologia Emergente e Engenharia Avançada Volume 3, Edição 4, abril de 2013.

[2]   C Grover, I Knight, F Okoro, I Simmons, G Couper, P Massie e B Smith" Automated Emergency Breaking Systems: Technical requirements cost and benefits", Relatório de Projeto Publicado. 2008.

[3]   Minoru tamura, Hideaki tnoue, Takayuki watanable e Nuoki maruko, Nissan motor co., Ltd "Investigação sobre o sistema de assistência à travagem com função de pré-visualização".

[4]   Eung Soo Kim, "Fabrication of Auto-Braking System for Pre-Crash Safety Using Sensor" , International Journal of Control and Automation. Vol. 4, Pages: 49 - 54, março 2009.

[5]   Carla Wada, T.; Hiraoka, S.; Tsutsumi, S.; Doi, S., "Effect of activation timing of automatic braking system on driver behaviours," ,Pages: 1366 - 1369, Conferência Anual da SICE, 2010.

[6]   Luciano Alonso , Vicente Milanese, Carlos Torre-Ferrero, Jorge Godoy, Juan P. Oria e Teresa de Pedro "Ultrasonic Sensors in Urban Traffic Driving-Aid Systems" ISSN 1424-8220.

[7]   Erik Coelingh, LottaJakobsson, Henrik Lind, Magdalena Lindman (2013) Collision Warning With Auto Brake - A Reallife Safety Perspective, Volvo Car CorporationSweden Paper Number 07-0450.

[8]   Matthew Avery, AlixWeeke, Thatcham (2013) Autonomous Braking Systems And Their Potential Effect On Whiplash Injury Reduction, , Reino Unido, Paper Number 09-0328.

[9]   Implementation Of Autonomous Emergency Braking (AEB), The Next Step In Euro Ncap's Safety Assessment, Richard Schram, Aled Williams, Michiel van Ratingen, Programa Europeu de Avaliação de Novos Veículos, Bélgica, em nome do Grupo de Trabalho P-NCAP do Euro NCAP, Número do documento: 13-0269.

[10] The potential of autonomous emergency braking systems to mitigate passenger vehicle crashes, Australasian Road Safety Research, Policing and Education Conference, Wellington, Nova Zelândia, Doecke S.D., Anderson R.W.G., Mackenzie J.R.R., Ponte G, Centre for Automotive Safety Research

[11] Automatic Emergency Braking (AEB) Report,An Update of the June 2012 Research Report Titled, "Forward-Looking Advanced Braking Technologies Research Report", National Highway Traffic Safety Administration, U.S. Department of Transportation.

[12] Rahul Khade, HarshadMahajan, NitinKedar, Krushna Darwatkar (2013) Sistema de travagem automatizado, Jornal Internacional de Aplicações de Engenharia e Tecnologia por. ISSN: 2321-8134

I want morebooks!

Buy your books fast and straightforward online - at one of world's fastest growing online book stores! Environmentally sound due to Print-on-Demand technologies.

Buy your books online at
www.morebooks.shop

Compre os seus livros mais rápido e diretamente na internet, em uma das livrarias on-line com o maior crescimento no mundo! Produção que protege o meio ambiente através das tecnologias de impressão sob demanda.

Compre os seus livros on-line em
www.morebooks.shop